蔬果渍

郑颖 ◎ 主编

湖南科学技术出版社

图书在版编目（C I P）数据

蔬果渍 / 郑颖主编. -- 长沙 : 湖南科学技术出版社, 2017.4
ISBN 978-7-5357-9091-0

Ⅰ. ①蔬… Ⅱ. ①郑… Ⅲ. ①蔬菜—食谱②水果—食谱
Ⅳ. ①TS972.123

中国版本图书馆CIP数据核字(2016)第237433号

SHU GUO ZI
蔬果渍
主　　编：郑　颖
责任编辑：杨　旻　李　霞
策　　划：深圳市金版文化发展股份有限公司
版式设计：深圳市金版文化发展股份有限公司
封面设计：深圳市金版文化发展股份有限公司
摄影摄像：深圳市金版文化发展股份有限公司
出版发行：湖南科学技术出版社
社　　址：长沙市湘雅路276号
http://www.hnstp.com
湖南科学技术出版社天猫旗舰店网址：
http://hnkjcbs.tmall.com
邮购联系：本社直销科 0731-84375808
印　　刷：深圳市雅佳图印刷有限公司
（印装质量问题请直接与本厂联系）
厂　　址：深圳市龙岗区坂田大发路29号C栋1楼
邮　　编：518000
版　　次：2017年4月第1版第1次
开　　本：710mm×1000mm 1/16
印　　张：8
书　　号：ISBN 978-7-5357-9091-0
定　　价：32.80元

Preface
序言

提到腌渍，大家应该都不会陌生。我们平时吃的糖醋蒜、腌黄瓜、酱萝卜条，及用蜂蜜浸渍过的柠檬片，都属于腌渍食品。腌渍是保存食物的一种方法，是指让食盐或食用糖等调料渗入食物的内部，提高其渗透压，从而控制微生物的活动，延长保存的时间。经过腌渍的食物，便于储存，而且形成了独特的风味，因而深受人们的喜爱。

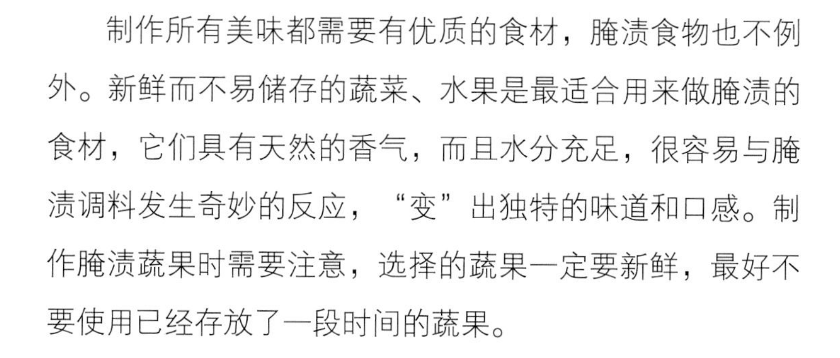

制作所有美味都需要有优质的食材，腌渍食物也不例外。新鲜而不易储存的蔬菜、水果是最适合用来做腌渍的食材，它们具有天然的香气，而且水分充足，很容易与腌渍调料发生奇妙的反应，“变”出独特的味道和口感。制作腌渍蔬果时需要注意，选择的蔬果一定要新鲜，最好不要使用已经存放了一段时间的蔬果。

腌渍蔬果的方法并没想象中复杂，新手也能一学就会。打开这本书，你就能轻松学习38道腌渍蔬果的制作过程及方法和防止蔬果变质的小妙招等内容。

做好一罐腌渍蔬果可能只需要花上10多分钟，但是在接下来的一段时间内你都可以随时品尝到用这些腌渍蔬果制成的美味，如三明治、沙拉等。在本书的最后，我们推荐了10道用腌渍蔬果制作的美味料理，希望能抛砖引玉，为你开启健康美味的腌渍时光！

Contents 目录

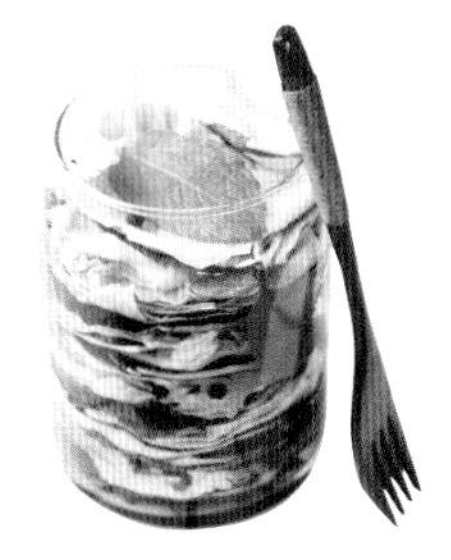

Part 02

清新的腌渍蔬菜

Part 03 香甜的腌渍水果

Part 04 用腌渍蔬果做料理

在酷晨食欲不佳的时候，
端出一碟自己亲手腌渍的小菜，
清凉感油然而生。

PART 01 腌渍的魔法课堂

Lecture❶ 调料

食醋

食醋是制作腌菜的核心调料之一，能延长腌菜的保存期限。制作食醋的原料和发酵期不同，食醋的香气和味道也不同。一般来说，食醋中以酿造醋中谷物醋的味道和香气为最佳，谷物醋包括陈醋、香醋、米醋、白醋等。水果醋的香气和味道则较为浓郁。

陈醋是由高粱酿造的，以山西老陈醋最为有名。其色泽黑紫，口感绵、酸、甜、醇厚，回味悠长。从味道来说，陈醋最酸，在烹制热菜时，陈醋常用于需要突出酸味且颜色较深的菜肴中。腌渍花生米、蒜头等难入味的蔬菜适宜用陈醋。

香醋味香，多用于凉拌。香醋以镇江香醋最为有名。它以优质糯米为原料，色泽红褐，有“酸而不涩、香而微甜”的特点。为了避免热反应破坏其香浓的特性，所以一般将香醋用于凉拌菜或腌渍菜中。在烹饪海鲜或用作海鲜的调味汁时，加入香醋有祛腥提鲜、抑菌等作用。

米醋用途最为广泛。米醋顾名思义是用大米酿造的，算是醋家族里的基本款，凉菜、热菜都适用，烹饪许多传统菜肴都会用到它。浙江的名产“玫瑰米醋”，呈透明玫瑰红色，常和白糖、白醋等调成甜酸盐水来制作腌渍菜。

白醋有两种。一种用大米或糯米酿制而成，清香酸甜、口感柔和，常用于一些色泽漂亮的菜肴或者有柠檬口味的菜肴；另一种是由食用冰醋酸所制成的合成食醋，酸味浓烈单一，尖酸刺鼻，口感不柔和。购买白醋时要购买前者，要注意选择标签上写着“纯酿造”字样的。

水果醋是用水果制成的醋（如苹果醋、柠檬醋等）。水果醋味道较酸，同时散发着果香，非常爽口。白葡萄酒醋比普通食醋酸度低，气味不刺激，口感柔和，能够保留食材的原味，但价格昂贵。进口苹果醋比国产苹果醋果香更浓郁，口感更柔和。水果醋与谷物酿造醋混合使用，味道也不错。

盐、糖和蜂蜜

盐和糖是制作腌菜不可缺少的调料，能够为食材增加咸或甜的口感，也具有极好的防腐作用。腌渍用的盐包括粗盐和细盐。粗盐常用于对食材进行预处理，细盐常用于制作腌菜汁。糖一般选用砂糖即可，蜂蜜或糖浆可用于腌渍味道偏酸的水果。

粗盐是未经加工的大粒盐，为海水或盐井、盐池、盐泉中的盐水经煎晒而成的结晶，即天然盐。制作腌菜时，将水分含量高的蔬果，如黄瓜、白萝卜等先用粗盐腌渍片刻，再洗净沥干，这样制成的腌菜口感更清脆，保存时间也更长。粗盐在空气中较易潮解，因此存放时应注意密封防潮。不同种类的粗盐咸味不同，使用时需要根据实际情况调整用量。

细盐也叫加工盐或精盐，是经过去除杂质后再次结晶析出的盐，杂质较少。但经过加工后有些微量元素也被去除了，有时还要加入碘，特意制出加碘盐。此外，还有适合高血压患者食用的低钠盐。大部分腌菜汁是将各种原料加水煮沸制成的，但也有些腌菜汁不用加热，搅匀到盐溶化即可，因此细盐更适合制作各类腌菜汁。对于初次制作腌菜的人来说，最好先把腌菜汁的味道调淡一些，尝过之后，再逐渐增加盐的量直到口感合适。

砂糖指甘蔗汁经过太阳曝晒后制成的固体原始蔗糖，分为白砂糖和赤砂糖两种。白砂糖是精炼过的食糖，赤砂糖则未经过精炼，因而含有较多的营养素及微量元素，具有一定的保健功能。各种砂糖的颗粒大小不尽相同，有些砂糖不易溶于水，如果要制作不需加热的腌菜汁，最好选用白砂糖。

蜂蜜除了有甜味，还具有柔和顺滑的口感，可以单独使用，也可以与砂糖混合使用。需要注意的是，等量的蜂蜜比白砂糖要甜，使用时可根据所需的甜味增减用量。洋槐蜜等浅色蜂蜜一般没有特殊的味道，适合制作腌菜。有些蜂蜜香味浓烈，如荔枝蜜、龙眼蜜，需要考虑与食材是否搭配。另外，蜂蜜也可以用枫糖浆来代替。

香辛料

腌菜不仅要具有基本的咸、甜、酸味，还需要一些独特的香味，因此经常要放些香辛料来提味。香辛料是用植物的种子、果实、花、茎、叶或根等制成的调味料，具有刺激性香味，可增加食物风味，有增进食欲、帮助消化吸收的作用。

胡椒分为黑胡椒、白胡椒、红胡椒、绿胡椒等不同种类，含有胡椒碱、挥发油、粗脂肪、粗蛋白等物质，具有温中散寒、防腐抑菌的作用，可以平衡蔬果的寒凉性，防止腐坏。我们常用的黑胡椒和白胡椒味道比较辛辣，红胡椒的味道柔和，绿胡椒具有清新的香气。

丁香和八角都是气味较为浓烈的香料。丁香是由丁香的花蕾晒干制成的，外观像小钉子，具有清热祛湿的作用，适宜和性寒、助湿、味淡的蔬果搭配。八角是木兰科植物八角的果实，形若星状，具有独特而微甜的味道，能去腥、增进食欲。

桂皮又称肉桂、官桂或香桂，是最早被人类使用的香料之一，为樟科植物天竺桂、阴香、细叶香桂、肉桂或川桂等树皮的通称。桂皮既是一种常用中药，又可作为食品香料。桂皮性热，用量不宜太多。

咖喱粉和五香粉都是由多种香辛料混合制成的粉状香料，具有层次丰富的复杂味道。五香粉适合制作中式口感的腌菜，咖喱粉中添加了独特的姜黄粉，能把食材染成黄色，让人一看就有食欲，适合搭配花菜、土豆等食材。

大蒜用盐或醋腌渍或者加热之后，其辛辣味会减弱，并具有一定的甜味，因此非常适宜制作腌菜，既能提升其他原料的香味，又有很好的杀菌作用。生姜可以去腥，在制作腌菜时使用，不宜切得太薄。

辣椒是腌菜辣味的主要来源，可以使用新鲜的小米椒、尖椒，也可以使用干辣椒、剁椒等加工过的辣椒。新鲜辣椒的辣味比较清爽，加工过的辣椒则味道较为浓郁。如果对腌菜的品相要求较高，可以在使用前将辣椒籽去掉。

香草

跟香辛料相比，香草的味道更加丰富多变，而且在增加香味的同时，不会对腌菜的整体味道产生影响，是较为理想的选择。不同的香草产生的香味不同，最好根据个人喜好进行选择。如果难以买到新鲜香草，也可以用干香草代替。

最容易买到的香草之一，具有沁人心脾的清凉味道，可以搭配多种新鲜蔬果，增添凉爽舒畅的味觉体验。薄荷还有促进消化、镇静的作用。薄荷的用量不宜太多，孕妇也不适合食用。

紫苏气味清香，味道略辛，具有解表散寒的作用，常用于搭配性寒的蔬果。它的叶子较宽，容易熟烂，所以不宜和腌菜汁一起煮。只要在盖上腌菜容器盖子之前放进整片的紫苏叶即可。

迷迭香的香气扑鼻，味道却较为清淡，具有提神醒脑的作用，非常适宜夏季食用，尤其适合脑力工作者。迷迭香适合与土豆、红薯、牛蒡、茄子等搭配食用。迷迭香的香气久存不散，因此用量不需太多，可与腌菜汁一起煮沸。

莳萝具有去腥的作用，放入腌菜中，能使腌菜的味道清爽可口。莳萝的香气较浓郁，适合与香气不太突出的蔬菜搭配食用，比如黄瓜等。在腌菜中，莳萝的用量不宜过多。

将月桂树的叶子完整地烘干，即成为制作各种菜肴常用的香叶。香叶的气味浓郁，微甜，能促进食欲。此外，香叶具有一个独特的优势，就是即使和腌菜汁一起煮沸，再放进容器中久存，甚至是长期发酵，也不会变质腐烂。因此，香叶是制作腌菜的理想选择。

薰衣草的香气非常独特，有些人比较喜欢，有些人则不喜欢。它具有健胃、美容、镇静等作用，在制作柠檬等水果腌菜时少量加入，能起到画龙点睛的作用。

Lecture❷ 步骤

腌渍蔬果的步骤

1. 蔬果洗净，沥干水分，再充分擦干（如果用小苏打水清洗，效果更佳）。
2. 切成适宜的大小。
3. 对不易入味的蔬果进行预腌渍。
4. 准备调料。

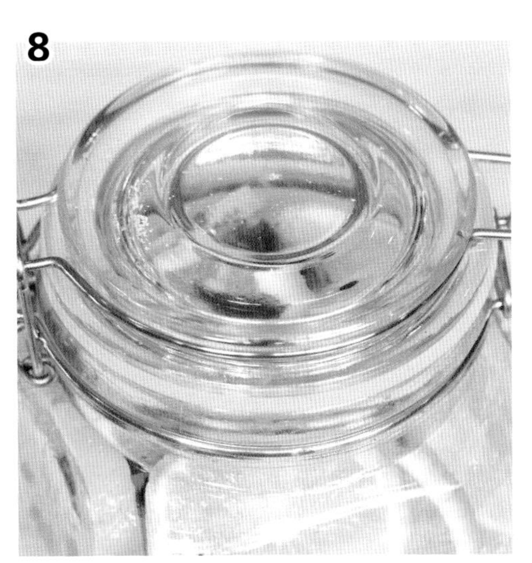

5. 将所有调料熬煮成腌菜汁。
6. 切好的蔬果装入大小适宜的容器。
7. 倒入腌菜汁。
8. 盖上瓶盖，自然冷却后放入冰箱冷藏。

Lecture❸ 储存

巧防腌渍蔬果变质

自制的腌渍蔬果没有添加任何防腐剂，添加的盐和糖也不是很多，所以很难长期储存。因此，自制的腌渍蔬果在制作好之后需要立即冷藏，并尽快食用完。如果希望腌渍蔬果保存的时间稍长一些，可以根据具体情况，适当采用以下几个方法。

首先，制作腌渍蔬果不能选择污染过的容器，如装过非食品类化学物质的容器。其次，即使是新的容器，上面也有很多肉眼不可见的细菌，这些细菌有可能影响腌菜的发酵，甚至造成腌菜变质、腐坏，所以在使用前务必要对容器进行彻底的消毒处理。

把腌菜和腌菜汁全部倒入容器之后，立即盖严盖子，并倒置储存。如果是热的腌菜汁，可以在盖严盖子之后，在室温下冷却，然后倒置放入冰箱，这样可以防止空气从瓶口的缝隙中进入容器，从而防止腌菜变质。腌渍蔬果一旦开盖食用之后，就不宜再倒置储存，因为容器内的压力不够大，腌菜汁容易流出。用大罐子储存的腌菜，在食用一段时间之后可以将剩余的菜转移到小罐子中，以减少容器中的氧气量，同样有利于防止变质。

将食材和腌菜汁倒入容器中，盖严盖子，然后将容器放入冷水中煮沸。随着温度的升高，容器中残留的空气会逸散出来，在容器内形成接近真空的状态，从而提高密封效果。使用这种方法要保证容器具有一定的耐热性，而且只适用于质地偏硬的大块腌渍食材，不适用于小块或过于柔软的食材。

如果容器没有消毒，最好的补救方法是，在腌制了一定时间之后，将容器中的腌菜汁全部倒出，再次煮沸，待冷却后重新倒回容器中。煮沸的过程中可以杀死腌菜汁中残留的细菌，防止腌菜变质。这个方法可以重复1~2次，但不适用于比较绵软的腌渍食材。

维生素C是一种抗氧化剂，能有效抑菌，而且可以阻止蔬果发酵过程中形成亚硝酸盐，有一定的抗癌作用。可以在腌渍蔬果中加入一片维生素C药片，也可以加入一切富含天然维生素C的食材，如柠檬、辣椒、山楂等。

如何对工具进行消毒

使用玻璃器皿便于观察腌菜的转化情况，而且不容易受醋、盐等调味料腐蚀而产生有害人体的物质，因此是制作腌渍蔬果的最佳器皿。腌菜汁要趁热倒入容器中，最好选用耐热的玻璃器皿，务必要有一个可以密封的盖子，在制作完成后将盖子盖严，保证腌菜顺利发酵，并延长储存期。给容器消毒最简单的办法就是将其放入沸水中煮片刻。

1. 先将容器放入一锅凉水中，再将水加热，以免容器突然遇热炸裂。
2. 开火加热，煮至锅中的水沸腾。
3. 水沸腾后，用夹子翻动容器，让容器里外全面接触沸水片刻。
4. 关火，待水稍微降温后，用夹子取出容器。
5. 小心地把容器中的水倒干净。
6. 将容器倒扣在干净的吸水布上。
7. 待容器自然风干即可。

Lecture❹ 选材

根据颜色挑选蔬果

天然蔬果色彩丰富，不同的颜色代表其含有不同的化学成分及营养素，具有不同的营养功效，如呈现为橙色的胡萝卜素、呈现为紫色的花青素、呈现为红色的番茄红素等。蔬果的颜色大致可以分为白色、绿色、黄橙色、红色、紫黑色这几种。

白色系蔬果

代表蔬果：白萝卜、白菜、白洋葱、莲藕、牛蒡、花菜、大蒜、蘑菇、豆芽、梨

有益成分：类黄酮、蒜素、皂角苷

营养功效：增强免疫力，清肺润肺，保护呼吸器官

绿色系蔬果

代表蔬果：黄瓜、西兰花、芹菜、莴笋、青辣椒、青豆、青葡萄、猕猴桃、海藻、薄荷

有益成分：叶绿素、膳食纤维、氨基酸

营养功效：解毒，保护肝脏和眼睛，增加肠胃蠕动

黄橙色系蔬果

代表蔬果：黄柿子椒、南瓜、红薯、胡萝卜、玉米、橙子、柠檬、柚子、芒果、生姜

有益成分：β-胡萝卜素、叶黄素、B族维生素、维生素C

营养功效：促进血液循环，美容，缓解疲劳，保护视力

红色系蔬果

代表蔬果：西红柿、红柿子椒、樱桃萝卜、小米椒、红苹果、石榴、西瓜、樱桃、草莓、红枣

有益成分：番茄红素、花青素、维生素E、辣椒红素

营养功效：增强心脏机能，预防血管老化，净化血液

紫黑色系蔬果

代表蔬果：蓝莓、紫甘蓝、紫洋葱、紫薯、茄子、黑豆、黑芝麻、黑橄榄、木耳、紫菜

有益成分：花青素、多酚、膳食纤维

营养功效：延缓衰老，预防心脑疾病，抑制癌细胞增长

根据质地挑选蔬果

蔬果的种类不同，其质地也有千差万别。有些蔬果质地偏软，有些则质地偏硬。在进行腌渍的时候，如何挑选不同质地的蔬果，如何进行合理的搭配，又如何对各种质地的食材进行巧妙的处理呢？

代表蔬果：芹菜、莲藕、西瓜皮、胡萝卜、苦瓜、牛蒡、芦笋、马蹄
挑选重点：粗细或大小一致，同样大小的越重越好
腌渍要诀：食材切之前可放在清水中浸泡片刻，避免失水萎蔫

代表蔬果：西红柿、茄子、香菇、葡萄、猕猴桃、香蕉、杨桃、芒果
挑选重点：尽量挑选色泽新鲜、梗或蒂的部分没有枯萎的
腌渍要诀：清洗后待其自然晾干，不宜切太小的块或太薄的片

代表蔬果：黄瓜、白萝卜、樱桃萝卜、豆芽、橙子、柠檬、梨、苹果
挑选重点：选择饱满、硬挺、表皮没有萎蔫的
腌渍要诀：可带皮一起腌渍，最好切成一口大小的方块

代表蔬果：南瓜、红薯、大蒜、花菜、西兰花、蒜薹、毛豆、黑豆
挑选重点：挑选周正、结实、个头中等、没有异形的
腌渍要诀：需要适当焯水、炒制，或者和腌菜汁一起煮片刻

小贴士：不适合腌渍的蔬果

并不是所有的蔬果都适合进行腌渍。叶菜类如菠菜、生菜等就不能腌渍，因为蔬菜的叶部分很容易腐烂。草莓、山竹等过于柔软的水果也不适合腌渍，这类水果一旦失水，口感会大打折扣。此外，有强烈气味的韭菜、榴莲、菠萝蜜等也不宜腌渍食用。

根据季节挑选蔬果

各种应季的蔬菜和水果，都可以用来制作腌菜。很多营养学家都指出，食用本地当季的新鲜食材，对人体的营养价值和保健价值是最高的。应季蔬果一般不含激素，从价钱上来说也是最经济实惠的。

代表蔬果：莴笋、豆芽、香菇、竹笋、青椒、红柿子椒、菠萝、芒果、樱桃

养生经：春季人的脾胃还比较虚弱，应避免食用过于性寒的蔬果。此外，春季饮食宜“增甘少酸”，此时制作腌菜不宜放太多的醋，以免损伤脾胃。

代表蔬果：苦瓜、芦笋、洋葱、黄瓜、南瓜、西红柿、桃、柠檬、猕猴桃、香蕉

养生经：夏季人体出汗较多，酸味食物具有敛汗的作用，腌渍蔬果时可多放些醋。夏季可适当食用带有苦味的蔬果，有助于清心火。

代表蔬果：秋葵、莲藕、胡萝卜、花菜、茄子、梨、柚子、苹果、葡萄、杨桃

养生经：秋季宜清补，可选择具有滋补作用的根茎类蔬菜制作腌菜，如红薯、莲藕等。秋季还应注意防燥，腌菜中不宜加入过多香辛料。

代表蔬果：青椒、圆白菜、白萝卜、白菜、马蹄、慈菇、芋头、橙子、橘子

养生经：冬季的腌菜多为主菜解腻之用，宜选择白萝卜、白菜、马蹄等清爽的蔬果。多选择富含维生素C的蔬果进行腌渍，食用后可有效预防感冒，增强抗病能力。

大部分含水量适中的蔬菜都比较适于制作腌菜，
通常可以选择质地清脆的蔬菜，
如黄瓜、白萝卜、彩椒、芹菜、莲藕等。
而西红柿、茄子、菌菇等质地稍软的蔬菜，
如果有合适的调料作辅助，也可以制作出别有一番味道的腌菜。

PART 02 清新的腌渍蔬菜

清香腌黄瓜

最好吃的腌菜

材料准备

黄瓜2根
大蒜3瓣

调料准备

水1杯
苹果醋1杯
白砂糖1大勺
盐1小勺
胡椒粒1/2小勺

口　　味： 清脆、爽口
保存时间： 冷藏1周

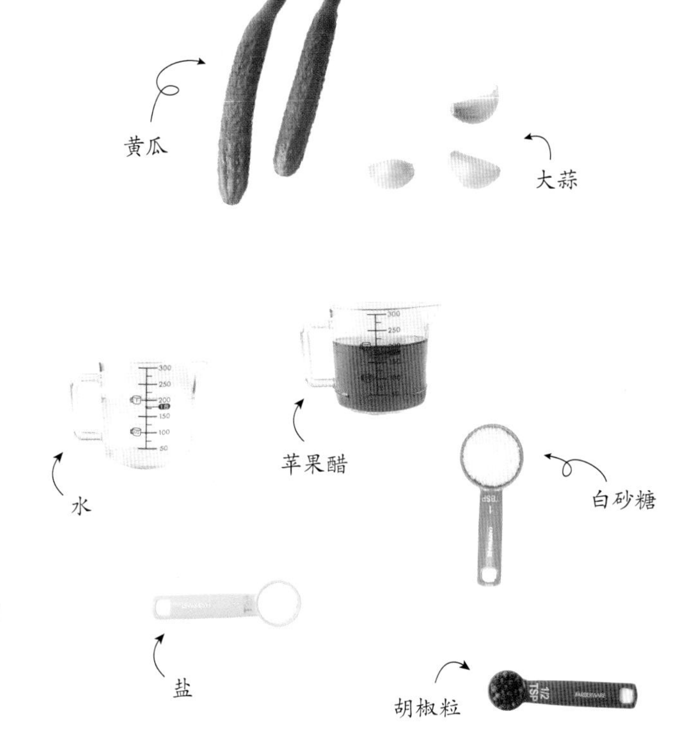

小贴士

腌黄瓜储存的时间不宜太久，最好尽快食用，因为黄瓜籽含水量太高，容易烂，会使腌菜汁变黏稠。如果想要长久地储存腌黄瓜，就要先挖去黄瓜籽。

魔法功效

黄瓜中含有丰富的水分，对于干燥的皮肤，有着很好的补水效果。黄瓜还含有多种维生素及矿物质，可起到抗衰老的作用。此外，黄瓜含有的酶类有很强的生物活性，能有效地促进机体的新陈代谢。

Step

1. 黄瓜洗净后晾干，切成薄厚适中的圆片。

2. 大蒜剥皮、去蒂，用刀背拍碎。

3. 锅中倒入水，再倒入苹果醋。

4. 在锅中倒入白砂糖，加入胡椒粒、盐，搅拌均匀后煮至白砂糖完全溶化,制成腌菜汁。

5. 把黄瓜片放入容器中，再放入蒜瓣。

6. 趁热倒入煮好的腌菜汁，盖上盖子，冷却后放入冰箱，腌1~2天即可食用。

鲜脆腌彩椒黄瓜

满满的维生素C

材料准备

黄瓜1根
黄柿子椒1/2个
红辣椒1个
大蒜1瓣

调料准备

水1/3杯
苹果醋2/3杯
白砂糖1大勺
盐2小勺

口　　味：微酸、微辣
保存时间：冷藏2周

操作步骤

1. 黄瓜洗净沥干后切除两端，再切成长短适宜的段；大蒜剥皮、去蒂、拍碎。
2. 黄柿子椒洗净后去掉蒂和籽，切成与黄瓜差不多长短的条；红辣椒洗净后去蒂，切成圈。
3. 把腌菜汁调料全部倒入大碗中，覆上保鲜膜，放入微波炉中加热约3分钟后取出，搅匀。
4. 把蔬菜和腌菜汁混合在一起，搅拌均匀后覆上保鲜膜，放入微波炉中加热约3分钟。
5. 把蔬菜和腌菜汁一起倒入容器中，在常温下冷却后放入冰箱，腌2小时即可食用。

魔法功效

彩椒可祛除黑斑及雀斑，并有消暑、补血、消除疲劳、预防感冒和促进血液循环等功效，还能使血管更强健，预防动脉硬化及各种心血管疾病。

Step

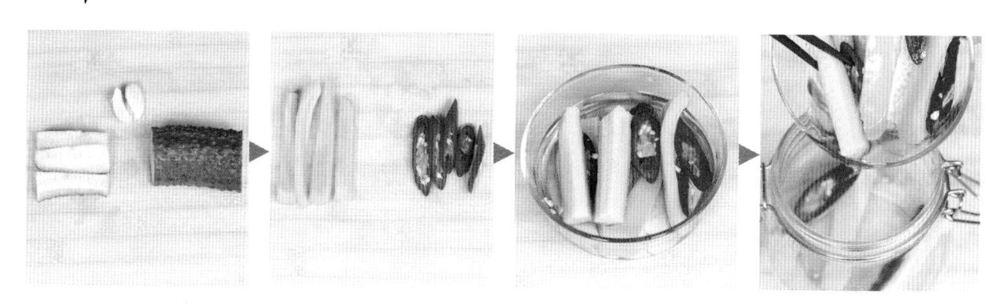

经典腌白萝卜条

家常必备小菜

材料准备

白萝卜300克

调料准备

粗盐1/2大勺
水1/2杯
米醋1/4杯
白砂糖1/4杯
盐1/2小勺
胡椒粒1/2小勺
香叶2片

口　　味： 爽口、微酸
保存时间： 冷藏1个月

操作步骤

1. 白萝卜去皮、洗净，沥干后切成条。
2. 将白萝卜条放入碗中，撒上粗盐，搅拌均匀后腌10分钟，清洗后沥干。
3. 在锅中放入腌菜汁调料，煮至白砂糖完全溶化。
4. 把白萝卜条竖着放入容器中，摆放整齐。
5. 倒入煮好的腌菜汁，盖上盖子，冷却后放入冰箱，腌1~2天即可食用。

魔法功效

白萝卜含有淀粉酶等多种消化酶，能分解食物中的淀粉和脂肪，促进食物消化，可以缓解消化不良，减少胸闷，并抑制胃酸过多。

Step

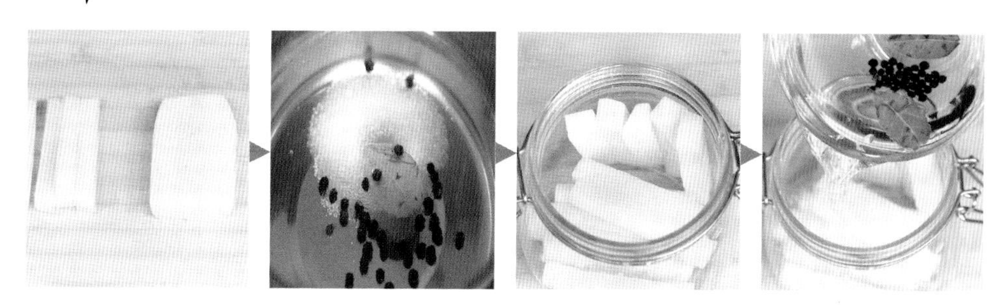

三色腌萝卜丝

好看更好吃

材料准备

白萝卜200克
胡萝卜100克
黄柿子椒50克

调料准备

粗盐适量
水1/2杯
白醋1/4杯
白砂糖1大勺
盐1小勺
胡椒粒1/2小勺
香叶2片

口　　味： 清淡、微酸
保存时间： 冷藏1个月

白萝卜
黄柿子椒
胡萝卜
粗盐
水
白醋
胡椒粒
盐
白砂糖
香叶

小贴士

如果觉得把萝卜切成细丝很难，也可以将其切成薄片，这并不影响腌渍的味道。

魔法功效

胡萝卜中含有大量胡萝卜素，可防治夜盲症，这是因为胡萝卜素进入机体后，在肝脏及小肠黏膜内经过酶的作用后，其中50%会变成维生素A，也就是视黄醇，具有护眼明目的作用。

Step

1. 白萝卜、胡萝卜切片，再切成细丝；黄柿子椒切丝。

2. 将两种萝卜丝混合后放入碗中，撒上粗盐，搅拌均匀，腌10分钟。

3. 清洗腌好的萝卜丝，洗去多余的粗盐，然后沥干水分。

4. 锅中倒入腌菜汁调料并煮沸，待白砂糖完全溶化后关火。

5. 把沥干的萝卜丝、切好的黄柿子椒混合均匀，放入容器中。

6. 倒入煮好的腌菜汁，盖上盖子，冷却后放入冰箱，腌1~2天即可食用。

辣腌黄瓜

一口不过瘾

材料准备

黄瓜2根
大蒜3瓣

调料准备

粗盐1小勺
水1/2杯
陈醋1/4杯
白砂糖2大勺
辣椒油1大勺
酱油1大勺
盐1小勺
干辣椒1个
胡椒粒1小勺
丁香1小勺
八角2个

口　　味：爽口、微辣
保存时间：冷藏2周

操作步骤

1. 黄瓜洗净后对半切开，再切成小块。
2. 在黄瓜上撒上粗盐，腌20分钟后洗净，捞出沥干。
3. 干辣椒去蒂，切成圈；大蒜剥皮、去蒂，再切成末。
4. 在锅中混合水、陈醋、白砂糖、辣椒油、酱油、盐和蒜末，搅拌至白砂糖和盐完全溶化。
5. 把胡椒粒、丁香、八角和干辣椒也放入锅中搅拌，煮沸成腌菜汁。
6. 把黄瓜和热腌菜汁搅拌均匀，倒入容器中，冷却后放入冰箱，腌2天即可食用。

魔法功效

黄瓜含有维生素B_1，可以缓解失眠症状，对改善大脑和神经系统功能有利，能安神定志。此外，黄瓜中的膳食纤维能促进人体肠道内腐败物质的排出，降低胆固醇。

Step

腌胡萝卜芹菜

美味又营养

材料准备

芹菜5根
胡萝卜2根

调料准备

水1杯
苹果醋1杯
白砂糖1/杯
盐1小勺
香叶1片
柠檬1/2个
胡椒粒1小勺

口　　味：清香、爽脆
保存时间：冷藏1个月

操作步骤

1. 芹菜去筋，切成4厘米长的段。
2. 胡萝卜洗净后沥干，切成与芹菜差不多大小的粗条。
3. 在锅中放入腌菜汁调料，煮至白砂糖完全溶化。
4. 把芹菜段和胡萝卜放入容器中。
5. 倒入热的腌菜汁，盖上盖子，冷却后放入冰箱冷藏。
6. 1周后倒出腌菜汁，再次煮沸，冷却后倒入容器中；1周后重复此过程一次，再腌1~2天即可食用。

消暑魔法

芹菜能缓解气候干燥导致的口干舌燥、气喘心烦等不适，有助于清热解毒、防病强身。肝火过旺、皮肤粗糙及经常失眠、头疼的人可适当多吃些芹菜。

Step

水嫩腌西红柿

天然的酸香

材料准备

西红柿2个
洋葱1/2个

调料准备

水1杯
白醋1/2杯
盐2小勺
香叶1片
蜂蜜1大勺

口　　味： 微酸、清香
保存时间： 冷藏2周

操作步骤

1. 在西红柿表皮划十字刀，放入沸水中略焯。
2. 把焯好的西红柿取出放入冷水中，待表皮翘起后将表皮去除。
3. 去皮的西红柿切成瓣；洋葱去皮后切成两半，再纵切成1厘米宽的片。
4. 在锅中放入除蜂蜜以外的腌菜汁调料，煮至盐完全溶化，稍微冷却后放入蜂蜜，搅匀。
5. 把西红柿和洋葱放入容器中。
6. 倒入热腌菜汁，盖上盖子，冷却后放入冰箱，腌1天即可食用。

魔法功效

西红柿含有番茄红素及苹果酸、柠檬酸等有机酸，能促使胃液分泌，增加胃酸浓度，防治肠胃疾病，调理肠胃功能。另外，西红柿所含有的水溶性膳食纤维，有润肠通便的作用，可防治便秘。

Step

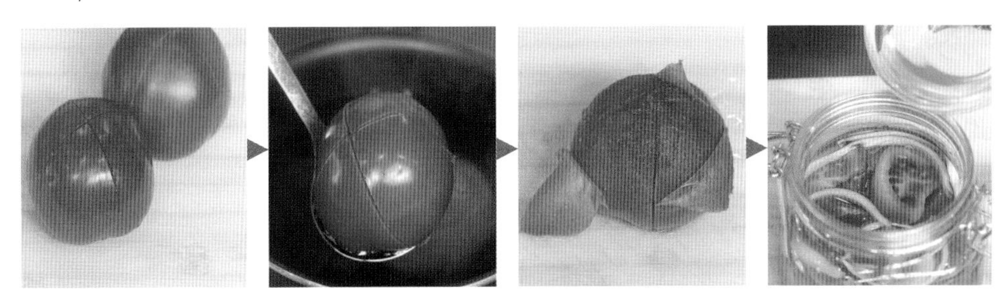

脆腌苦瓜

清火又瘦身

材料准备

苦瓜1根

调料准备

水1杯
白醋1/2杯
白砂糖1/2杯
盐1/4大勺
胡椒粒1小勺
香叶2片
干辣椒2片

口　　味：微酸、微苦
保存时间：冷藏1个月

操作步骤

1. 苦瓜洗净，切成厚薄适中的圈，去掉籽。
2. 将切好的苦瓜放入沸水中焯煮片刻，捞出沥干水分。
3. 在锅中放入腌菜汁调料，煮至白砂糖完全溶化。
4. 把苦瓜圈整齐地放入容器中。
5. 倒入热腌菜汁，盖上盖子，冷却后放入冰箱，腌2~3天即可食用。

魔法功效

苦瓜是夏季的时令蔬菜，富含维生素C和膳食纤维，能清除暑热、缓解疲乏、清心明目，可有效缓解夏季易出现的胃炎、口腔炎症、痤疮等，并能防治便秘，排毒瘦身。夏季适量食用苦味食品还对心脏有益。

Step

爽口腌西芹莲藕

清热降脂

材料准备

莲藕150克
西芹50克
红辣椒1个

调料准备

水3/4杯
米醋1/2杯
白砂糖2大勺
盐1/2小勺
香叶1片
胡椒粒1/2小勺

口　　味： 爽脆、微酸
保存时间： 冷藏2周

操作步骤

1. 莲藕去皮，切成0.5厘米厚的片。
2. 西芹切去老梗，剥去老筋，切成菱形片。
3. 把莲藕放入沸水中焯煮2分钟，捞出过一遍凉水，沥干水分。
4. 在锅中放入腌菜汁调料，煮至白砂糖完全溶化。
5. 把莲藕、芹菜、红辣椒放入容器中。
6. 倒入热的腌菜汁，盖上盖子，冷却后放入冰箱，腌3~4天即可食用。

魔法功效

莲藕中含有一种黏蛋白，能够促进蛋白质和脂肪的消化，减轻肠胃负担，缓解便秘的症状。莲藕中的维生素C和蛋白质一起发挥效用，能起到保护胃黏膜的作用。

Step

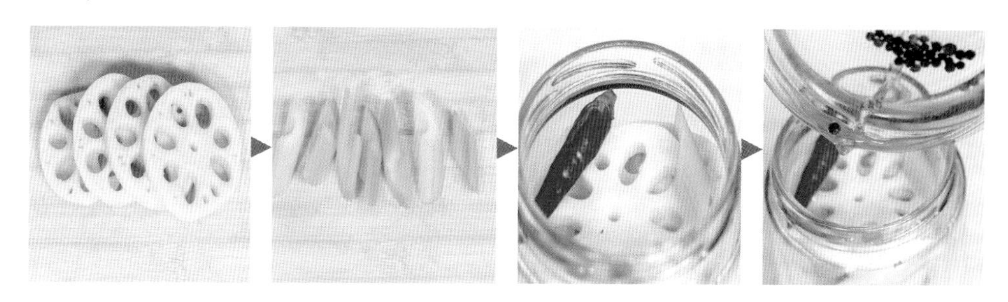

清爽腌芦笋

好吃的抗癌菜

材料准备

芦笋10根
大蒜2瓣
干辣椒1个

调料准备

水1杯
白醋1/2杯
白砂糖2大勺
盐1小勺
五香粉1大勺

口　　味： 清香、微辣
保存时间： 冷藏1个月

操作步骤

1. 切除芦笋老梗，剥去厚表皮；大蒜剥皮、去蒂，用刀拍碎；干辣椒切成圈。
2. 把芦笋放入开水中焯煮15~20秒，捞出过一遍凉水，沥干水分。
3. 在锅中放入腌菜汁调料，煮至白砂糖完全溶化。
4. 把芦笋、大蒜和干辣椒放入容器中。
5. 倒入冷却的腌菜汁，盖上盖子，放入冰箱，腌2~3天即可食用。

魔法功效

芦笋叶酸含量较多，对于孕妇来说，经常食用芦笋有助于胎儿大脑发育。对于易上火、患有高血压的人来说，芦笋能清热利尿，好处极多。

Step

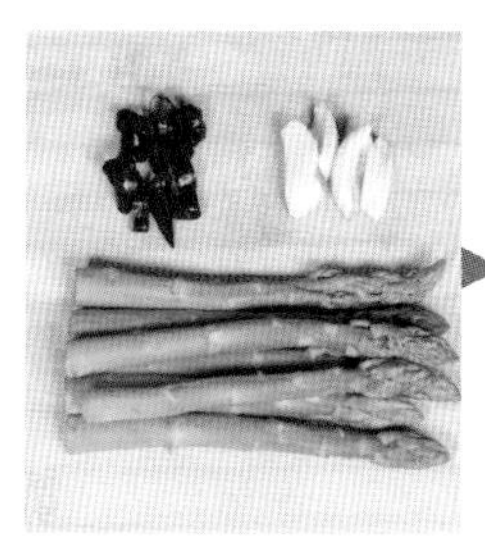

腌紫绿甘蓝

就是不单调

材料准备

绿甘蓝1/2个
紫甘蓝1/2个
薄荷叶适量

调料准备

水1杯
米醋1/4杯
白砂糖2大勺
盐1小勺
胡椒粒1小勺

口　　味： 爽口、微酸
保存时间： 冷藏1个月

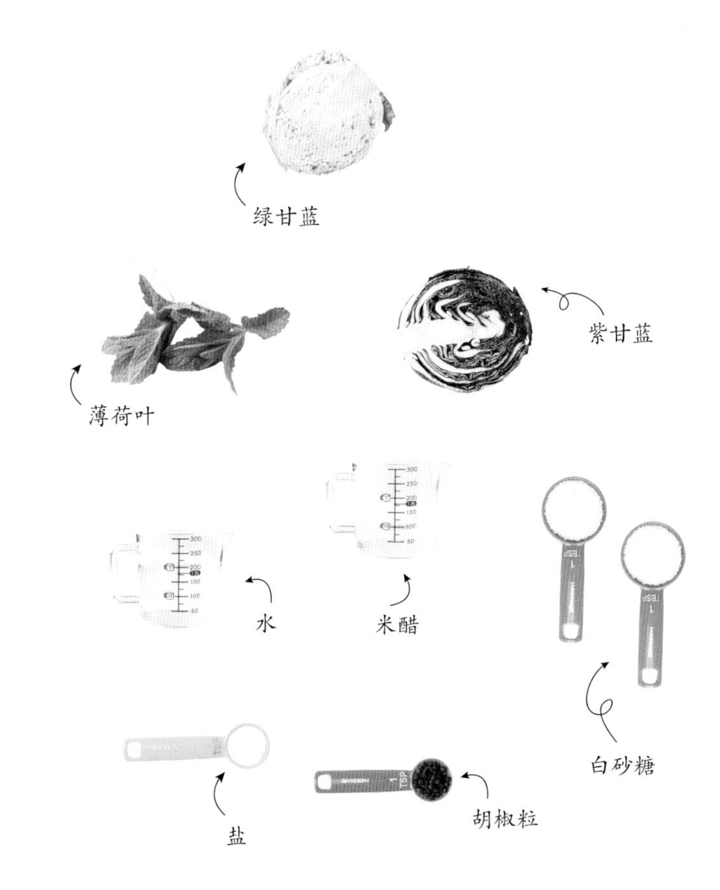

小贴士

和薄荷叶一起腌渍的甘蓝菜带着清凉的味道，如果不喜欢薄荷味，或者属偏寒体质，可以改用紫苏。

魔法功效

紫甘蓝含有丰富的硫元素，对于皮肤瘙痒、湿疹等“烦恼”具有一定的缓解作用。硫元素的主要作用是杀虫止痒，因而经常吃紫甘蓝对于保持皮肤健康十分有益，生食效果更佳。

Step

1. 绿甘蓝和紫甘蓝剥去外层的老叶片，洗净后晾干；薄荷叶洗净后去叶柄，沥干。

2. 取一片紫甘蓝叶，再取一片绿甘蓝叶，叠放在一起，切成适宜大小的方形片。

3. 取一片薄荷叶，放在切好的甘蓝叶上；依此方法将所有的食材处理好。

4. 在锅中放入腌菜汁调料，开火，煮至白砂糖完全溶化。

5. 将食材一层一层整齐地码放进容器中。

6. 倒入冷却的腌菜汁，盖上盖子，放入冰箱，腌1~2天即可食用。

清脆腌豆芽

最好做的腌菜

材料准备

豆芽250克

调料准备

水1/2杯
苹果醋1/2杯
白砂糖2大勺
盐1/2小勺
干辣椒2个
胡椒粒1/2小勺

口　　味：清脆、微辣
保存时间：冷藏3个月

操作步骤

1. 豆芽去尾，放到水中反复清洗，洗净后沥干。
2. 干辣椒去蒂，再切成大段。
3. 在锅中放入腌菜汁调料，煮至白砂糖完全溶化。
4. 把豆芽整齐地放入容器中。
5. 倒入热腌菜汁，盖上盖子，冷却后放入冰箱，腌1~2天即可食用。

魔法功效

豆芽含有丰富的维生素C，对于牙龈出血，有一定的改善作用，还具有淡化色斑、保护皮肤、滋润清热、利尿解毒等功效。

Step

咖喱腌花菜

有味更脆爽

材料准备

花菜1/2个
红辣椒1个

调料准备

水4大勺
米醋1/2杯
白砂糖4大勺
盐2小勺
咖喱粉1大勺
香叶1片
橄榄油2大勺

口　　味： 辛辣、清脆
保存时间： 冷藏1个月

操作步骤

1. 花菜清洗干净，切成或掰成大小适宜的小朵；红辣椒切成圈。
2. 沸水中放少许盐，放入花菜，焯煮30秒，捞出过一遍凉水，沥干。
3. 在锅中放入腌菜汁调料和红辣椒，煮至白砂糖完全溶化。
4. 把花菜放入容器中。
5. 倒入热腌菜汁，盖上盖子，冷却后放入冰箱，腌1~2天即可食用。

魔法功效

花菜含有丰富的维生素C，可以预防感冒。常食花菜还能增强肝脏的解毒能力，并能提高机体的免疫力，增加抗病能力。

Step

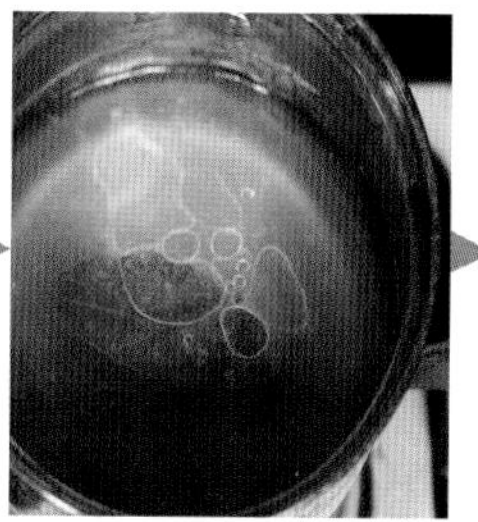

红辣椒腌西兰花

营养不流失

材料准备

西兰花1个
大蒜1瓣
红辣椒2个

调料准备

水1/2杯
米醋1/2杯
白砂糖1大勺
盐2小勺

口　　味： 脆爽、微酸
保存时间： 冷藏1个月

操作步骤

1. 西兰花切去老梗，再切成大小适宜的小朵。
2. 沸水中放少许盐，放入西兰花，焯煮约30秒，捞出过一遍凉水，沥干。
3. 大蒜剥皮、去蒂，再切薄片；红辣椒去蒂，再切圈。
4. 在锅中放入腌菜汁调料和红辣椒，开火，煮至白砂糖完全溶化。
5. 把西兰花和蒜片放入容器中。
6. 倒入热腌菜汁，盖上盖子，冷却后放入冰箱，腌1~2天即可食用。

魔法功效

西兰花具有清热解渴、利尿通便的功效，能改善口干渴、小便赤黄、大便硬实或不畅通等症状。儿童多吃西兰花可以促进生长、维持牙齿及骨骼健康、保护视力、提高记忆力。

Step

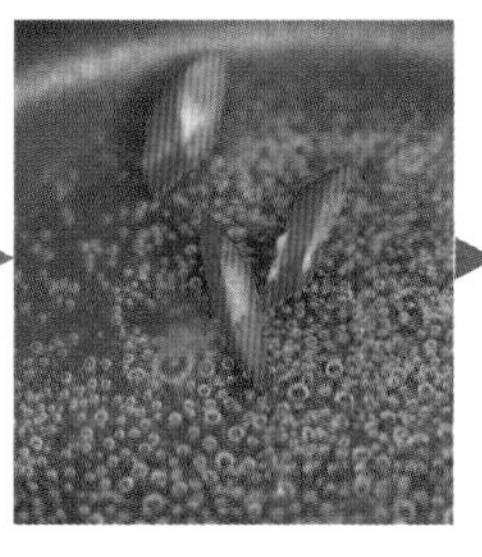

洋葱腌樱桃萝卜

爱上辛辣感

材料准备

洋葱1个
樱桃萝卜15个

调料准备

水1杯
陈醋1杯
白砂糖3大勺
盐2小勺
香叶1片
胡椒粒1小勺

口　　味： 清脆、辛辣
保存时间： 冷藏1个月

操作步骤

1. 洋葱去皮，切成与樱桃萝卜差不多大小的块。
2. 樱桃萝卜去蒂、去根须，洗净沥干后对半切开。
3. 在锅中放入腌菜汁调料，煮至白砂糖完全溶化。
4. 把洋葱和樱桃萝卜放入容器中。
5. 倒入冷却的腌菜汁，盖上盖子，放进冰箱，腌2~3天即可食用。

魔法功效

洋葱含有的辛辣成分能刺激胃肠消化腺的分泌，增进食欲，促进消化，改善食欲不振的症状，其含有的硫化物还能降低血液中胆固醇的含量。

Step

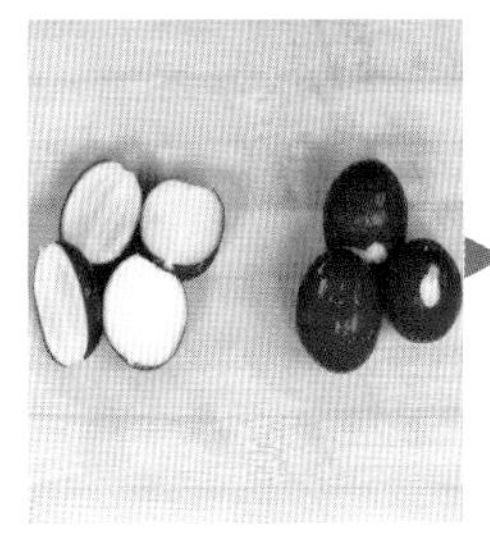

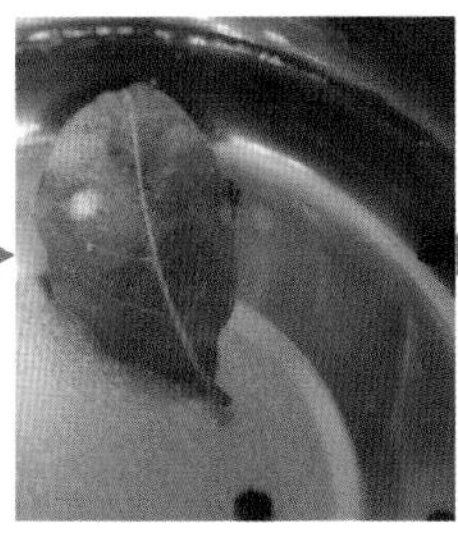

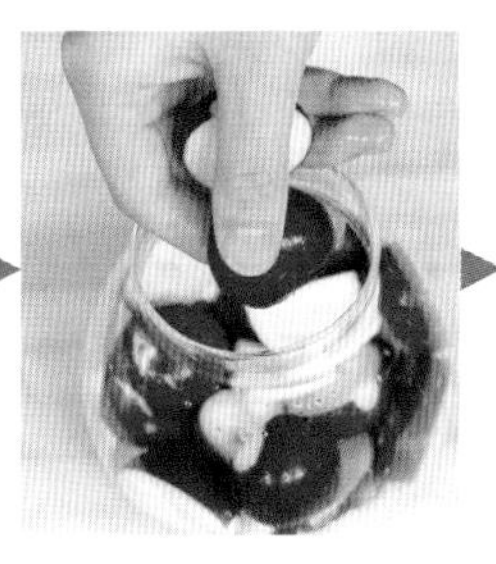

开胃腌辣椒

辣到停不下来

材料准备

青辣椒20个

调料准备

水1杯
酱油1/2杯
酸梅汁1/4杯
白砂糖2大勺

口　　味： 爽口、咸辣
保存时间： 冷藏2个月

操作步骤

1. 辣椒洗净后沥干，用剪刀把蒂剪短。
2. 用牙签在每个辣椒上面扎3~4个孔。
3. 在锅中放入腌菜汁调料，煮至白砂糖完全溶化。
4. 把辣椒放入容器中。
5. 倒入冷却的腌菜汁，盖上盖子，放入冰箱冷藏。
6. 腌2天后倒出腌菜汁，将其再次煮沸，冷却后倒回容器中，再腌1~2天即可食用。

魔法功效

辣椒能增强胃肠蠕动，促进消化液分泌，改善食欲，并能抑制肠内异常发酵，也有利于促进胃黏膜的再生，维持胃肠的正常功能。

Step

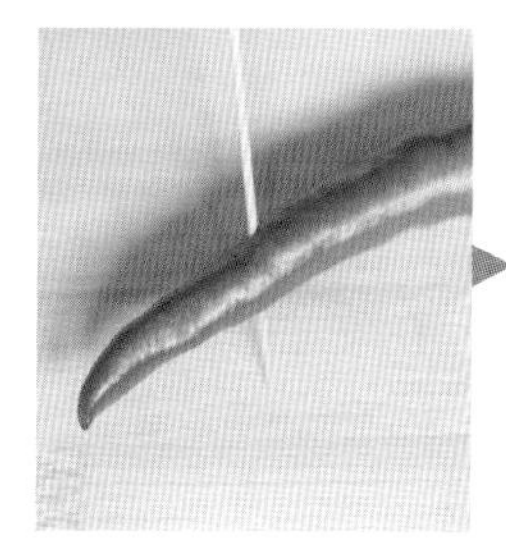

刹椒腌蒜薹

让你胃口大开

材料准备

蒜薹15根

调料准备

水1/2杯
苹果醋1杯
白砂糖1大勺
新鲜茴香1根
盐1/2小勺
柠檬1/2个
胡椒粒1小勺
刹椒1小勺

口　　味： 微辣、微酸
保存时间： 冷藏6个月

操作步骤

1. 蒜薹洗净后去除老茎和花苞，备用。
2. 在锅中放入腌菜汁调料，煮至白砂糖完全溶化。
3. 把蒜薹卷成环形放入容器中。若蒜薹伸出瓶外，可以用叉子或筷子按压下去。
4. 把腌菜汁倒入容器中，盖上盖子，冷却后放入冰箱中冷藏。
5. 1周后倒出腌菜汁，将其再次煮沸，冷却后倒回容器中。1周后再重复此过程一次，之后再腌2~3天即可食用。

魔法功效

蒜薹含有辣素，其杀菌能力可达到青霉素的十分之一，对病原菌和寄生虫都有良好的杀灭作用，能预防流感、防止伤口感染和驱虫。

Step

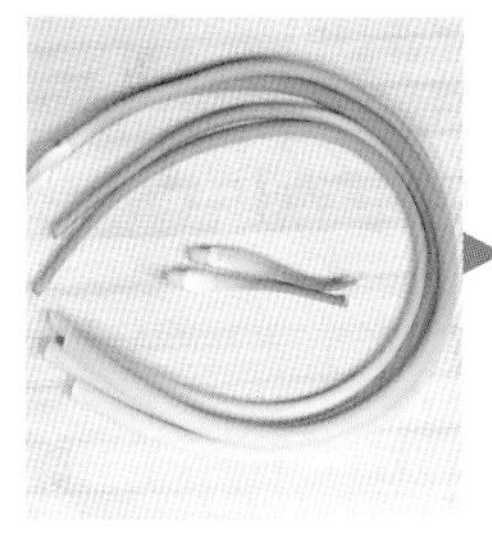

酱油腌大蒜

百搭下饭菜

材料准备

大蒜200克
绿色小辣椒1个
红色小辣椒1个
干辣椒1个

调料准备

水1/2杯
酱油适量
苹果醋1杯
白砂糖2大勺
盐1/2大勺
香叶2片
柠檬1片
胡椒粒少许

口　　味： 辛辣、咸酸
保存时间： 冷藏6个月

操作步骤

1. 大蒜洗净，沥干水分后去蒂。
2. 绿色小辣椒和红色小辣椒切成0.5厘米宽的圈。
3. 干辣椒洗净后擦干，剪成0.5厘米宽的圈。
4. 在锅中放入腌菜汁调料，煮至白砂糖完全溶化，稍微冷却备用。
5. 把大蒜和辣椒放入容器中。
6. 倒入温热的腌菜汁，在常温下冷却后放入冰箱，腌2~3天即可食用。

魔法功效

大蒜中所含有的硫化物具有极强的抗菌消炎作用，对多种球菌、杆菌、真菌和病毒等均有抑制和杀灭作用，是目前发现的天然植物中抗菌能力最强的一种。食用大蒜能有效预防细菌感染性疾病。

Step

紫苏腌牛蒡

加倍的清香

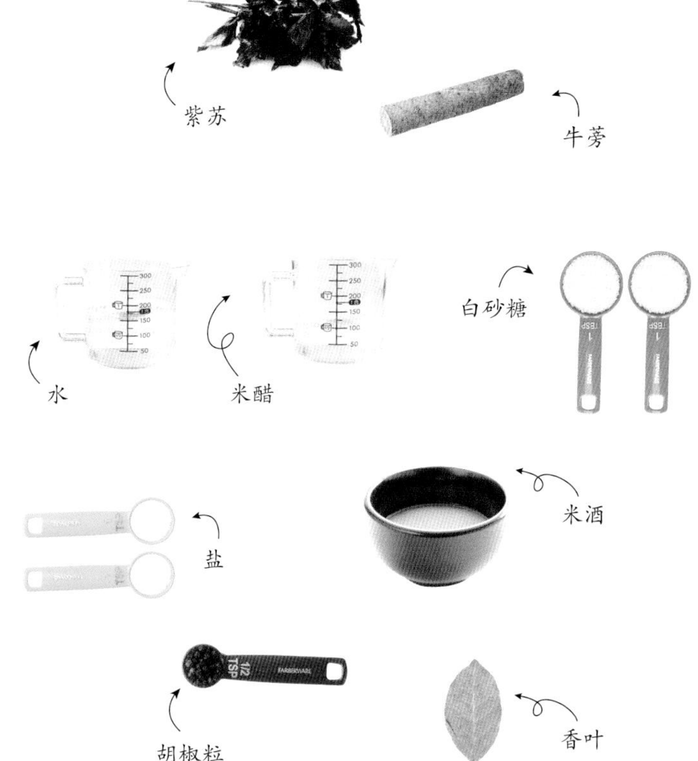

材料准备

牛蒡200克
紫苏1枝

调料准备

水3/4杯
米醋1/2杯
米酒1/4杯
白砂糖2大勺
盐2小勺
香叶1片
胡椒粒1/2小勺

口　　味：清香、爽脆
保存时间：冷藏1个月

小贴士

牛蒡营养丰富，去皮时用柔软的洗碗刷轻轻刷或用刀背刮去薄薄的一层表皮即可。

魔功功效

牛蒡含有的膳食纤维具有吸附有害物质的作用，并使其随粪便排出体外，因此经常食用牛蒡能清除肠胃垃圾，防治便秘。

Step

1. 紫苏洗净，晾干；牛蒡洗净，用刀轻轻刮去表皮。

2. 将牛蒡切成0.2厘米厚的片。

3. 切好的牛蒡放入水中浸泡10分钟，捞出后沥干水分。

4. 在锅中放入腌菜汁调料，开火，煮至白砂糖完全溶化。

5. 把牛蒡和紫苏放入容器中。

6. 倒入热腌菜汁，盖上盖子，冷却后放入冰箱，腌2~3天即可食用。

香辣腌茄子

低油才健康

材料准备

茄子2个
大蒜1瓣

调料准备

水1杯
陈醋1/4杯
白砂糖1大勺
盐1/2小勺
香叶1片
辣椒粉1/2小勺
胡椒粒1/2小勺

口　　味：绵软、微辣
保存时间：冷藏2周

操作步骤

1. 茄子洗净后沥干、去蒂，切成0.7厘米厚的片。
2. 大蒜剥皮、去蒂，切成片。
3. 把茄子、蒜片和水倒入锅中，中火煮沸后加入腌菜汁调料，煮1分钟左右。
4. 把锅中的茄子、蒜片和汤汁全部倒入容器中。
5. 盖上盖子，冷却后放进冰箱，腌2~3天即可食用。

魔法功效

茄子性凉，适合容易长痔子、生疮疖的人食用。其含有的膳食纤维和维生素E有防出血和抗衰老等功效。常吃茄子可使血液中胆固醇水平降低，对延缓人体衰老具有积极的意义。

Step

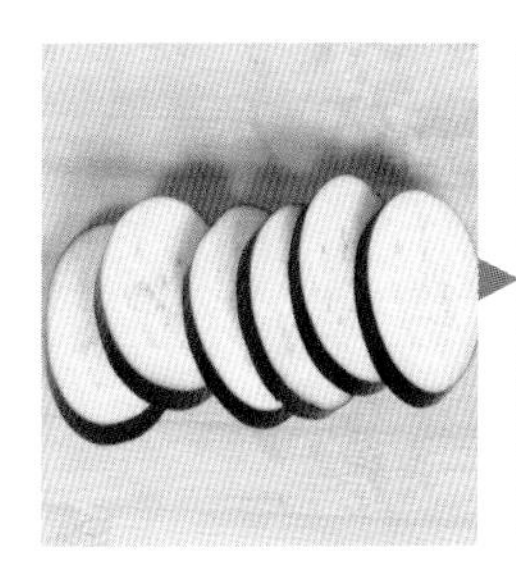

柠香腌南瓜

从没尝过的好滋味

材料准备

南瓜1/2个

调料准备

水1/2杯
米醋1/2杯
白砂糖1杯
柠檬1/2个
五香粉1小勺

口　　味： 香甜、微酸
保存时间： 冷藏1个月

操作步骤

1. 把南瓜放入微波炉中加热3分钟，取出后去皮、切成2厘米见方的块。
2. 在锅中放人腌菜汁调料，煮至白砂糖完全溶化，关火后静置10分钟。
3. 再次开火，放入南瓜，中火煮3分钟后关火，静置5分钟左右。
4. 把南瓜和腌菜汁倒入容器中，盖上盖子，冷却后放入冰箱，腌3~4天即可食用。

魔法功效

南瓜富含果胶，能温和地疏通肠胃，并保护胃肠道黏膜免受刺激，促进溃疡面愈合，同时促进胆汁分泌，帮助食物消化。

Step

椒香腌杂菇

口口有嚼劲

材料准备

香菇70克
杏鲍菇70克
金针菇70克
蟹味菇70克
大蒜2瓣

调料准备

水1/4杯
米醋3/4杯
料酒1大勺
橄榄油5大勺
白砂糖1小勺
胡椒粒1/2小勺
浓汤宝1盒
盐适量

口　　味：软滑、微咸
保存时间：冷藏1周

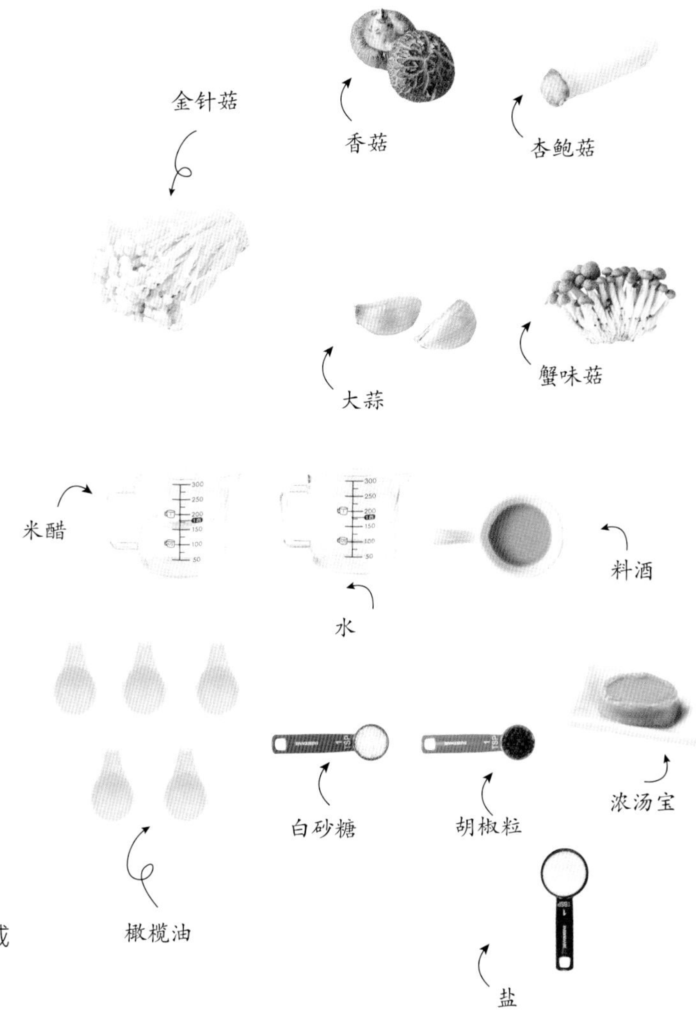

小贴士

这种腌菜可以和三明治一起食用，也可以做成沙拉后和烤面包一起食用。

魔法功效

菌菇类富含优质蛋白及膳食纤维，经常食用能增强身体的免疫力，促进新陈代谢，有利于身体对营养素的吸收，尤其适合肠胃不好的老年人食用。

Step

1. 金针菇和蟹味菇去除根部后撕开。

2. 香菇切成0.3厘米厚的片；杏鲍菇切成与香菇同样大小的片；蒜切成末。

3. 锅中倒入3大勺橄榄油，放入蒜末，炒出香味，再放入菌菇，加少许盐和胡椒粉，翻炒均匀。

4. 另取一锅，放入腌菜汁调料，开火，煮至白砂糖完全溶化。

5. 关火，倒入炒好的菌菇搅拌均匀。

6. 把菌菇和汤汁一起倒入容器中，盖上盖子，冷却后放入冰箱，腌1小时即可食用。

五香腌毛豆

夏天不能错过它

材料准备

毛豆100克

调料准备

水1/3杯
苹果醋1/2杯
白砂糖1小勺
盐1小勺
生姜1块

口　　味：豆香、酸甜
保存时间：冷藏1个月

操作步骤

1. 毛豆切去两端，洗净后放入沸水中煮熟，盛出沥干。
2. 生姜去皮后切成薄片。
3. 在锅中放入腌菜汁调料，煮至白砂糖完全溶化。
4. 把毛豆放入容器中。
5. 倒入热腌菜汁，盖上盖子，冷却后放入冰箱，腌1天即可食用。

魔法功效

毛豆不仅富含优质蛋白，其钾含量也很高，夏季常食可以弥补因出汗过多而导致的钾流失，从而缓解由于缺钾引起的疲乏无力和食欲下降。此外，钾元素还能帮助身体排出过多的钠盐，具有消除水肿的作用。

Step

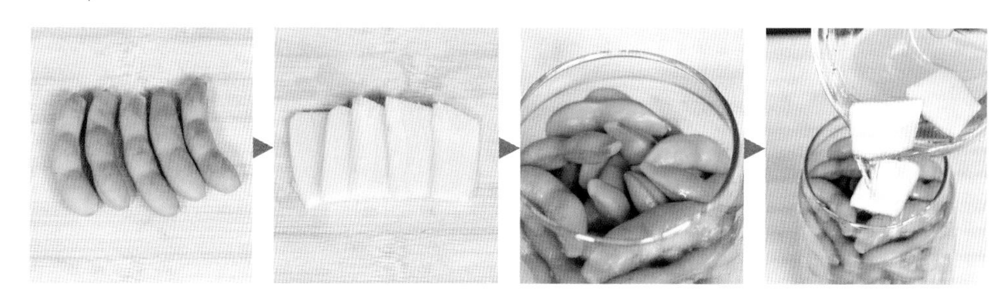

桂皮腌红薯

香甜又浓郁

材料准备

红薯2个
盐水1杯

调料准备

水1杯
陈醋1杯
白砂糖3/4杯
盐3大勺
桂皮1根

口　　味： 桂香、微酸
保存时间： 冷藏1个月

操作步骤

1. 红薯洗净后切成0.5厘米厚的片。
2. 放入盐水中浸泡10分钟去除表面的淀粉，然后用水洗净并沥干。
3. 在锅中放入腌菜汁调料，煮至白砂糖完全溶化。
4. 把红薯整齐地放入容器中。
5. 倒入热腌菜汁，盖上盖子，冷却后放入冰箱冷藏。
6. 3天后倒出腌菜汁，再次煮沸，冷却后倒入容器中。重复此过程一次，再腌3~4天即可食用。

魔法功效

红薯中含有一种类似雌激素的物质，可以改善皮肤干燥的现象，对保护皮肤、延缓衰老有一定的作用。此外，常吃红薯还能防止黑斑出现，对保持肌肤弹性也有益处。

Step

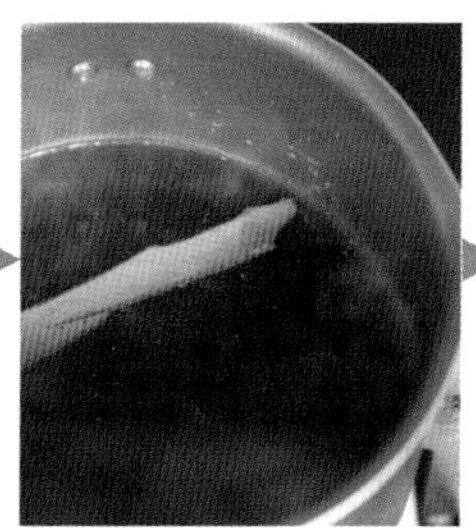

醋腌黑豆

带来活力的美味

材料准备

黑豆200克

调料准备

陈醋1/5杯
水1杯
白砂糖1大勺
食盐1/2小勺
香叶1片
干辣椒1个
胡椒粒1/2小勺
生姜1块

口　　味： 微辣、微酸
保存时间： 冷藏1个月

操作步骤

1. 黑豆洗净，浸泡30~60分钟后沥干。
2. 把黑豆放入烧热的锅中，大火翻炒使水分蒸发。
3. 水分蒸发后改小火，翻炒15~20分钟至黑豆表皮稍微裂开。
4. 把炒好的豆子放入容器中。
5. 锅中放入腌菜汁调料，煮至白砂糖完全溶化。
6. 趁热将腌菜汁倒入容器中，盖上盖子，冷却后放入冰箱，腌2小时即可食用。

魔法功效

黑豆含有丰富的B族维生素及维生素E，可以改善头发干燥、枯黄的现象，减轻紫外线对头发造成的伤害。此外，黑豆种皮含有红色花青素，具有很好的抗氧化活性，可清除体内自由基，增强人体活力。

Step

将水果腌渍后食用，口感会更加清爽怡人。

此外，制作腌菜汁的原料也多种多样，能赋予腌菜酸、辣、咸、甜等不同的味道。

PART 03 香甜的腌渍水果

蜜渍柠檬

总是离不开它

材料准备

柠檬3个
小苏打粉适量

调料准备

蜂蜜1杯
薄荷叶少许

口　　味： 清凉、微酸
保存时间： 冷藏1个月

操作步骤

1. 用小苏打粉搓洗柠檬表皮，再用清水冲洗，沥干水分。
2. 将柠檬切成0.5厘米厚的片。
3. 用刀尖挑去柠檬的籽。
4. 把柠檬、蜂蜜、薄荷叶逐层放入容器中。
5. 盖上盖子，拿起容器上下摇动片刻，放入冰箱冷藏，腌2天即可食用。

魔法功效

蜂蜜中含有淀粉酶、脂肪酶等多种消化酶，是食物中含酶较多的一种，可以改善疲劳、食欲不振等现象，帮助人体消化吸收营养物质。

Step

盐渍柠檬

不一样的味道

材料准备

柠檬3个
小苏打粉适量

调料准备

盐3/4杯
五香粉1/3大勺
胡椒粒1小勺

口　　味：微酸、咸香
保存时间：冷藏1个月

操作步骤

1. 用小苏打粉搓洗柠檬表皮，再用清水冲洗，沥干水分。
2. 将柠檬切成0.5厘米厚的片。
3. 用刀尖挑去柠檬的籽。
4. 把柠檬、盐、五香粉、胡椒粒逐层放入容器中。
5. 盖上盖子，放入冰箱冷藏，腌2天即可食用。

魔法功效

夏季天气湿热，如果饮食上不加注意，人体内的湿气和自然气候的湿气相互感应，湿浊郁积日久就可生痰。柠檬能祛痰，尤其是柠檬皮的作用更佳。

Step

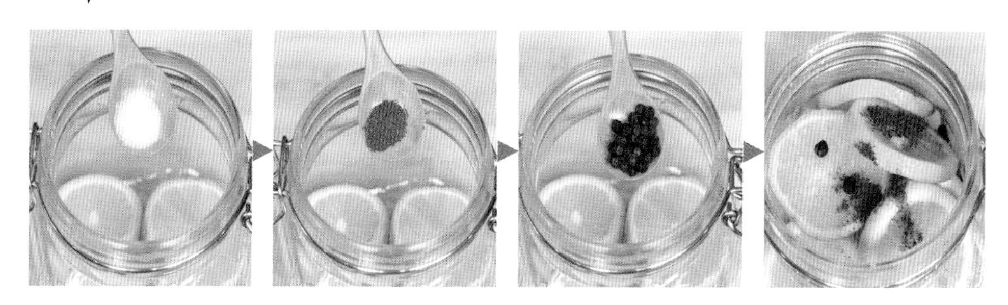

红糖果醋腌香蕉

瘦身护肤法宝

材料准备

香蕉3根

调料准备

水1/4杯
苹果醋3/4杯
红糖2大勺

口　　味：嫩滑、微甜
保存时间：冷藏3周

操作步骤

1. 香蕉去皮，切成0.8厘米的薄片。
2. 锅中倒入水、苹果醋、红糖，煮至红糖完全溶化。
3. 将香蕉放入容器中。
4. 倒入稍微放晾的红糖果醋汁，盖上盖子，冷却后放入冰箱，腌3~4天即可食用。

魔法功效

香蕉富含钾元素，可改善食欲不振、失眠、乏力、烦闷等不适。而且，香蕉有瘦身护肤的功效。

Step

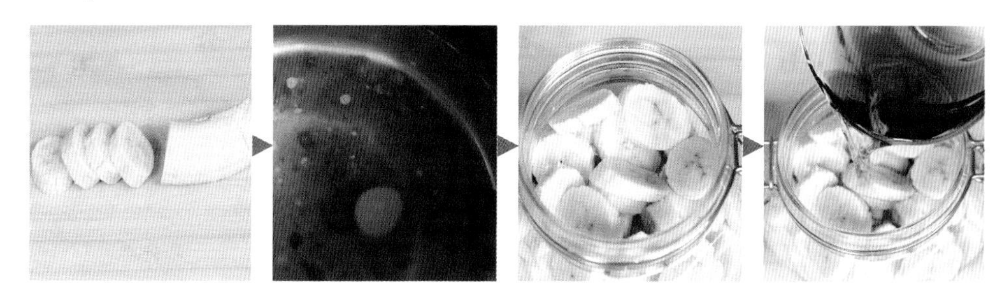

甜酸腌梨

清热消暑的佳品

材料准备

梨2个

调料准备

水1杯
白醋1/2杯
白砂糖1大勺
胡椒粒1/2小勺
丁香1/2小勺

口　　味： 微酸、微甜
保存时间： 冷藏2周

操作步骤

1. 梨去皮后切成两半，再切成8等份，去核。
2. 在梨块上插入丁香。
3. 在锅中放入腌菜汁调料，煮至白砂糖完全溶化。
4. 把梨整齐地摆放入容器中。
5. 倒入热腌菜汁，盖上盖子，冷却后放入冰箱，腌1~2天即可食用。

魔法功效

梨能改善食欲不振现象，具有养心润肺、解毒清燥、止咳化痰等功效。但梨性偏寒，有些人食用后会出现肠胃不适，用热性的丁香调和后，不仅能中和梨的寒性，而且味道也变得更好。

Step

微酸腌什锦水果

最实用的养颜品

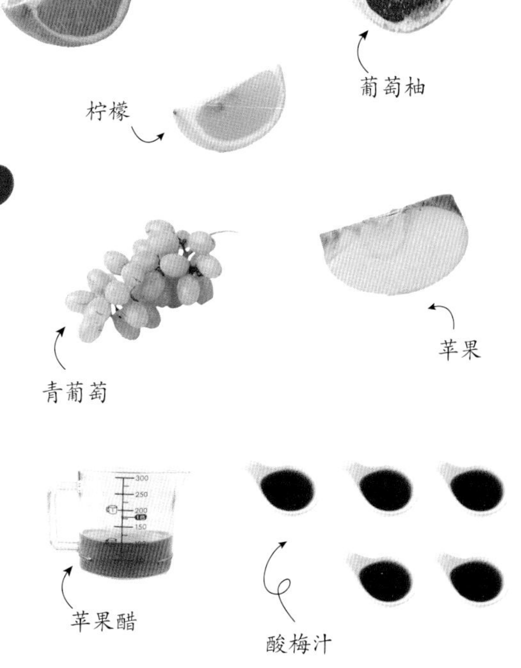

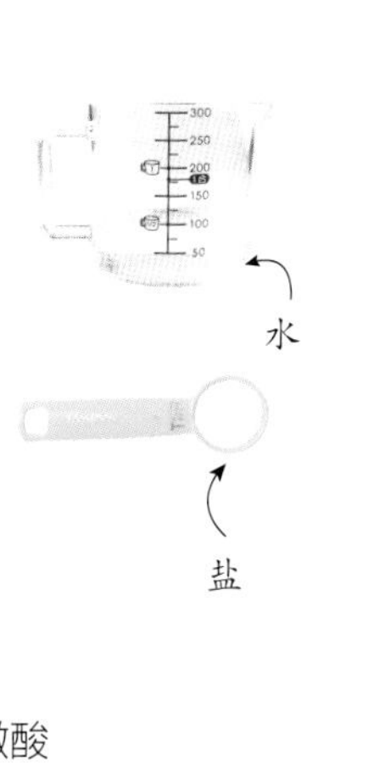

黑胡椒粒

薄荷叶

材料准备

橙子1/4个
葡萄柚1/4个
柠檬1/4个
苹果1/4个
圣女果5个
青葡萄30克

调料准备

水1/2杯
苹果醋1/2杯
酸梅汁5大勺
盐1小勺
黑胡椒粒1/2小勺
薄荷叶少许

口　　味：醋香、微酸
保存时间：冷藏2周

小贴士

水果比较甜，加适量酸梅汁口感更佳。没有酸梅汁的话，可以用食醋代替，腌出的水果味道偏浓郁。

魔法功效

柑橘类水果的维生素C含量极高，能够防止氧自由基对皮肤的伤害，具有美白、抗皱、抗衰老等功效，其芬芳的气味有助于缓解抑郁、焦虑的情绪，使人身心愉悦。将多种柑橘类水果搭配其他水果一起食用，营养和口感都会更加丰富。

Step

1. 将洗净晾干的柠檬带皮切成扇形的块。

2. 将洗净晾干的橙子用同样的方法带皮切开。

3. 将洗净晾干的葡萄柚切成和柠檬大小相当的块状。

4. 将洗净晾干的苹果带皮切成与其他水果大小相当的块。

5. 把切好的水果块混合在一起，放入容器中，再倒入洗净晾干的圣女果、青葡萄、薄荷叶。

6. 混合腌菜汁调料，煮沸后稍微放凉，倒入装有水果的容器中，盖上盖子，冷却后放入冰箱，腌3~4天即可食用。

浓香腌苹果

百吃不腻最有味

材料准备

苹果2个
葡萄干2大勺
西梅干4颗
小苏打水1杯

调料准备

水1杯
苹果醋1/2杯
白醋1/2杯
红糖2大勺
桂皮1根
五香粉2小勺

口　　味： 浓香、酸甜
保存时间： 冷藏2~3周

操作步骤

1. 苹果放入小苏打水中浸泡10分钟，洗净后沥干。
2. 每个苹果切成4等分并去核。
3. 在锅中放入腌菜汁调料，煮至红糖完全溶化。
4. 把苹果、葡萄干和西梅干倒入锅中，用小火煮10分钟左右。
5. 煮好的食材和汁液一起倒入容器中，盖上盖子，冷却后放入冰箱，腌2天即可食用。

魔法功效

苹果富含膳食纤维及有机酸，能改善肠胃不适，促进胃肠蠕动，协助人体顺利排出废物，减少有害物质对皮肤的伤害。

Step

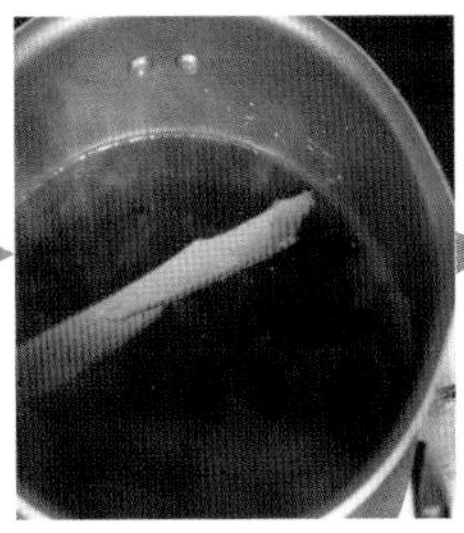
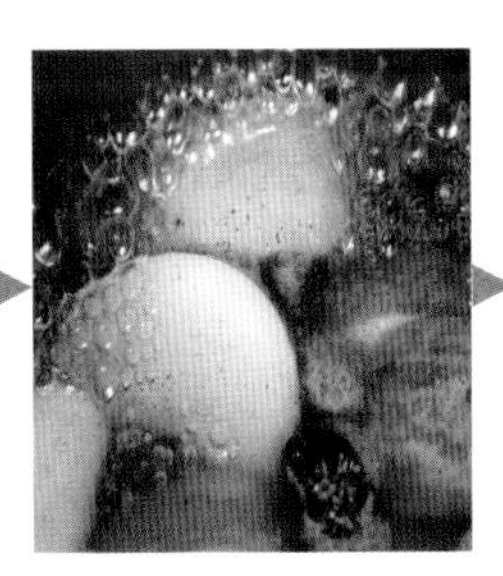

脆爽腌西瓜皮

比西瓜更美味

材料准备

西瓜皮1/4个

调料准备

水1杯
白醋1/2杯
白砂糖1大勺
盐1小勺
香叶1片
胡椒粒1小勺

口　　味： 可口、微甜
保存时间： 冷藏1~2周

操作步骤

1. 去掉西瓜的绿皮和红瓤，保留白色部分，切成小块。
2. 锅中倒入适量水，烧开后倒入西瓜片，加入1/2小勺盐，焯20秒后捞出，沥干。
3. 在锅中放入腌菜汁调料，煮至白砂糖完全溶化。
4. 在西瓜皮冷却前将其放入容器中。
5. 倒入热腌菜汁，盖上盖子，冷却后放入冰箱，腌1天即可食用。

魔法功效

西瓜皮的解暑作用比西瓜瓤更好。新鲜的西瓜皮除含丰富的维生素外，还有多种有机酸及钙、磷、铁等矿物质，对水肿、炎症等有良好的辅助治疗作用，并能缓解高温时节因暑热而出现的心烦口渴、目赤、咽喉肿痛、小便量少等不适。

Step

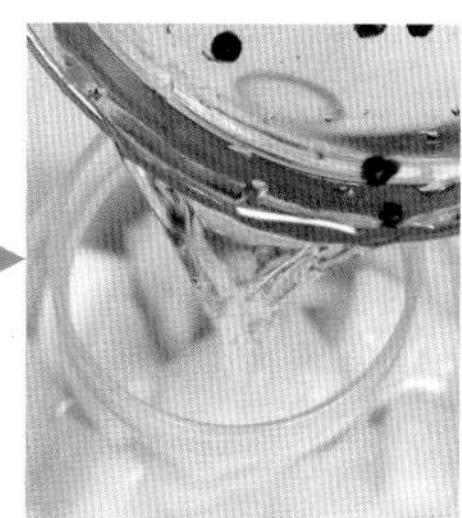

多汁腌杨桃

解除内脏积热

材料准备

杨桃2个
蓝莓干2大匙
蔓越莓干4颗
小苏打水1杯

调料准备

水1杯
苹果醋1/2杯
白砂糖3/4杯
香叶1片
五香粉2小勺

口　　味： 清脆、酸甜
保存时间： 冷藏1周

操作步骤

1. 把杨桃放入小苏打水中浸泡5分钟，洗净沥干。
2. 每个杨桃切成1厘米的片，用刀尖挑去籽。
3. 在锅中放入腌菜汁调料，煮至白砂糖完全溶化。
4. 把蓝莓干和蔓越莓干倒入锅中，用小火续煮片刻，稍微冷却。
5. 把杨桃放在容器中。
6. 倒入腌菜汁，盖上盖子，冷却后放入冰箱，腌2~3小时即可食用。

魔法功效

杨桃中维生素C、水分及有机酸含量丰富，可以改善口渴现象，还能迅速补充人体的体液流失，并使体内的积热随小便排出体外。

Step

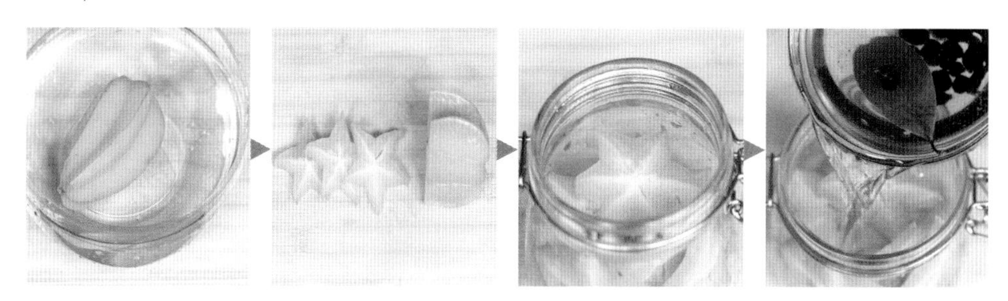

酸香腌葡萄

吃一次就忘不了

材料准备

青葡萄200克
小苏打水1杯

调料准备

白醋1杯
白砂糖2大勺
小红辣椒1个
胡椒粒1小勺
桂皮1根

口　　味：甜酸、微辣
保存时间：冷藏2周

操作步骤

1. 把葡萄放入小苏打水中浸泡10分钟，捞出后洗净，沥干水分。
2. 小红辣椒洗净，沥干，切成圈。
3. 在锅中放入白醋、白砂糖、胡椒粒、桂皮，煮至白砂糖完全溶化，稍微冷却。
4. 把葡萄放入容器中，再放上小红椒圈。
5. 倒入温热的腌菜汁，盖上盖子，冷却后放入冰箱，腌2天即可食用。

魔法功效

葡萄中含有维生素P，可以防治胃炎、肠炎等病症，还能防呕吐辅助治疗，其天然的聚合苯酚能与病毒或细菌中的蛋白质化合，使之失去传染疾病的能力，对多种病毒和细菌都有很好的杀灭作用。

Step

腌番石榴青芒果

别样的热带风情

材料准备

番石榴2个
青芒果1个

调料准备

水1杯
白醋1/2杯
酸梅汁4大勺
白砂糖2大勺
食盐1小勺

口　　味： 爽滑、酸甜
保存时间： 冷藏1周

操作步骤

1. 番石榴洗净，切成一口大小的块。
2. 青芒果切取果肉，用十字花刀削成一口大小的块。
3. 在锅中放入腌菜汁调料，煮至白砂糖完全溶化。
4. 把番石榴和青芒果块放入容器中。
5. 倒入热腌菜汁，盖上盖子，冷却后放入冰箱，腌2天即可食用。

魔法功效

番石榴能够促进食欲、缓解便秘，可防治急、慢性肠炎。芒果中含有大量的维生素、矿物质以及芬芳类物质，能开胃消食、护肤养颜。

Step

蓝莓腌橙子

味道超级棒

材料准备

蓝莓100克
橙子2个

调料准备

水1杯
白醋1/2杯
白砂糖1大勺
盐1小勺
胡椒粒1/2小勺
香叶2片

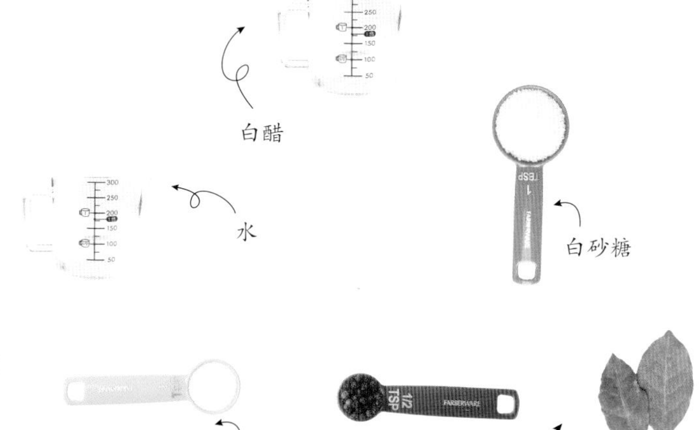

口　　味：橙香、微酸
保存时间：冷藏1周

小贴士

如果觉得切橙子的果肉很麻烦，可以直接将果肉连同内皮一起切成大小适宜的片。

魔法功效

蓝莓中含量非常高的花青素对眼睛具有很好的保护作用，可以缓解眼睛疲劳、改善视力，其富含的维生素C还具有预防感冒、抵抗心脏病的功效。橙子可以缓解感冒咳嗽、食欲不振、胸腹胀痛等症状。

Step

1. 蓝莓洗净后沥干；橙子切去两端，再用刀削去果皮。

2. 用刀将橙肉中露出的白色筋膜切下。

3. 取出一瓣一瓣的橙肉。

4. 在锅中放入腌菜汁调料，煮至白砂糖完全溶化，稍微放凉。

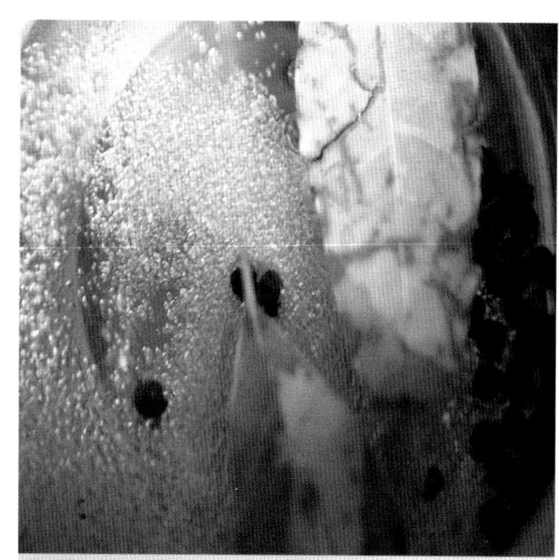

5. 将橙肉和蓝莓轻轻放入容器中。

6. 倒入温热的腌菜汁，冷却后放入冰箱，腌1~2天即可食用。

腌菠萝猕猴桃

消食之宝

材料准备

菠萝1/2个
猕猴桃2个

调料准备

水1/2杯
苹果醋1/2杯
白砂糖1大勺
胡椒粒1小勺

口　　味：果香、微酸
保存时间：冷藏1~2周

操作步骤

1. 菠萝去皮，切成大小适宜的块。
2. 猕猴桃去皮，切成与菠萝一样大小的块。
3. 在锅中放入腌菜汁调料，煮至白砂糖完全溶化。
4. 把菠萝、猕猴桃混合后摆放进容器中。
5. 倒入腌菜汁，盖上盖子，冷却后放入冰箱中，腌2天即可食用。

魔法功效

猕猴桃含有多种消化酶，可以缓解消化不良、食欲不振等现象，并清除体内有害代谢物质。猕猴桃的维生素C含量也非常高，可修复紫外线对皮肤的伤害。

Step

清凉瓜皮腌娃娃菜

吃跑小病没问题

材料准备

娃娃菜1棵
西瓜皮1/4个
海带1小块

调料准备

水4杯
米醋1/2杯
白砂糖1大勺
粗盐适量

口　　味： 咸酸、脆爽
保存时间： 冷藏2周

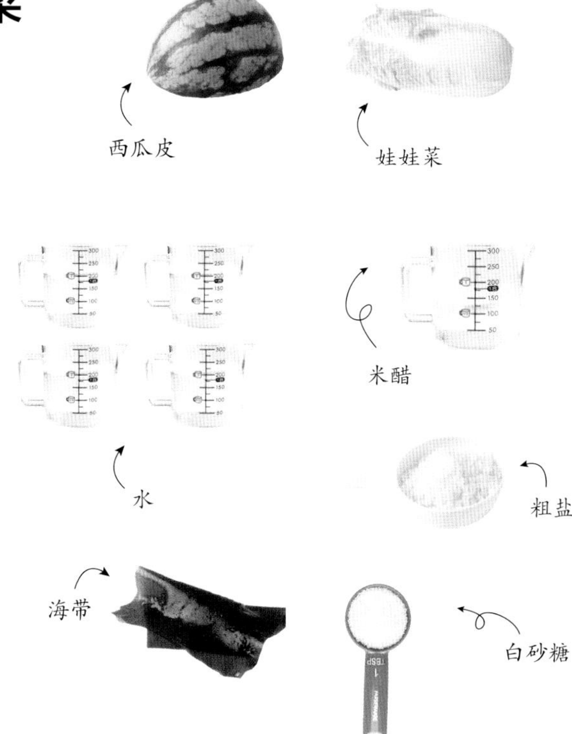

小贴士

西瓜皮可以用柚子皮代替，娃娃菜可以用大白菜代替，搭配出多样的丰富口感。

魔法功效

娃娃菜和大白菜都属于十字花科的蔬菜，富含维生素A、维生素C、膳食纤维、钾、硒等营养成分，能清除体内的毒素和多余的水分，有利尿、消肿的作用，还能润喉祛燥，食用后使人感到清爽舒适。

Step

1. 娃娃菜洗净，菜帮切成条，菜叶切成片。

2. 把娃娃菜帮放入碗中，取2杯水和粗盐一起煮沸，倒入碗中，腌10分钟；将菜叶也放入碗中，继续腌10分种，可搅拌2次。

3. 西瓜皮洗净，擦干，切成小块；海带切成小方块。

4. 腌好的白菜捞出沥干，装入碗中，加入切好的西瓜皮，充分拌匀。

5. 把混合好的白菜柚子皮装入容器中，放入海带片。

6. 将米醋、白砂糖、2杯水混合均匀，煮至白砂糖完全溶化，稍微冷却后倒入容器中，盖上盖子，冷却后放入冰箱，腌1天即可食用。

精心腌渍的蔬果最简单的吃法就是作下饭小菜。
除此之外，我们也可以将其作为一种原材料，
制作出多种多样的美味料理。

PART 04 用腌渍蔬果做料理

红绿沙拉

材料准备

水嫩腌西红柿（P037）120克
生菜60克
黄瓜70克
红辣椒50克
洋葱少许

调料准备

盐2克
橄榄油适量

操作步骤

1. 生菜洗净，用手撕成小片；红辣椒切成细丝；黄瓜切成小块；洋葱切成细条。
2. 将西红柿腌菜取出，放入碗里。
3. 向碗中放入黄瓜、生菜、红辣椒丝，加入盐、橄榄油，充分搅拌均匀。
4. 将拌好的菜装入盘中，摆好盘即可。

紫绿甘蓝鸡胸肉沙拉

材料准备

腌紫绿甘蓝（P045）50克
鸡胸肉80克

调料准备

盐2克
料酒1小勺
胡椒粉1/2小勺
食用油适量
橄榄油适量
辣椒油适量

操作步骤

1. 鸡胸肉切成小块，加入盐、料酒、胡椒粉腌渍片刻。
2. 平底锅中倒入适量食用油烧热，倒入腌好的鸡胸肉煎熟，盛出，稍微放凉。
3. 将腌紫绿甘蓝取出，沥干，切成丝，和鸡胸肉一起装入碗中。
4. 加入辣椒油、橄榄油，拌匀装盘即可。

腌萝卜丝吐司三明治

材料准备

三色腌萝卜丝（P029）20克
方吐司3片
火腿1片
鸡蛋1个

调料准备

黄芥末酱1小勺
食用油适量

操作步骤

1. 将吐司叠放在一起，切去四周的硬边，备用。
2. 平底锅倒入少量食用油烧热，打入鸡蛋，煎至7分熟，盛出待用。
3. 取一片吐司，用勺子将黄芥末酱均匀地抹在其中一面上，再铺上备好的三色腌萝卜丝。
4. 盖上另一片吐司，放上火腿、煎蛋，再盖上一片吐司，沿对角线切开即可。

红油腌茄子金针菇

材料准备

香辣腌茄子（P067）70克
金针菇85克

调料准备

盐2克
蒸鱼豉油5毫升
食用油适量
红油1大勺

操作步骤

1. 金针菇切去根部，用手撕开。
2. 将金针菇放入沸水锅中，加少许盐、食用油，焯至断生，捞出沥干，放晾。
3. 取一碗，放入金针菇、腌茄子，加入盐、蒸鱼豉油、红油。
4. 将食材充分拌匀，装入盘中即可。

奶香煎腌芦笋培根卷

材料准备

清爽腌芦笋（P043）80克
培根5片

调料准备

黄油1小块
黑胡椒碎少许

操作步骤

1. 培根解冻；冷藏的清爽腌芦笋切成比培根稍宽的条。
2. 用培根将芦笋卷成卷。
3. 平底锅放入黄油烧热，将腌芦笋培根卷煎至熟。
4. 撒上少许黑胡椒碎，盛出装盘即可。

瓜皮娃娃菜海鲜沙拉

材料准备

清凉瓜皮腌娃娃菜（P111）150克
虾仁60克
鱿鱼50克

调料准备

黑醋10毫升
黑橄榄5克
黑胡椒碎适量
橄榄油适量

操作步骤

1. 虾仁剔除虾线，鱿鱼切成圈，黑橄榄切成圈。
2. 将虾仁、鱿鱼圈放入沸水锅中，焯煮至断生，捞出过凉水，沥干。
3. 取一碗，倒入清凉瓜皮腌娃娃菜，放入鱿鱼圈、虾仁，拌匀。
4. 另取一小碗，放入黑胡椒碎、黑醋、橄榄油，调匀成油醋汁，浇在食材上，再撒上黑橄榄即可。

杂拌腌根菜

材料准备

紫苏腌牛蒡（P063）30克
经典腌白萝卜条（P027）30克
爽口腌西芹莲藕（P041）30克
洋葱腌樱桃萝卜（P055）30克
桂皮腌红薯（P077）30克

调料准备

香菜少许
橄榄油适量

操作步骤

1. 将紫苏腌牛蒡、经典腌白萝卜条、爽口腌西芹莲藕、洋葱腌樱桃萝卜、桂皮腌红薯分别取出。
2. 红薯、牛蒡切成粗细均等的细条；樱桃萝卜、莲藕切成小块。
3. 将所有食材放入碗中，淋入橄榄油，搅拌片刻。
4. 将拌好的食材装盘，点缀上香菜即可。

柠檬牡蛎豆苗汤

材料准备

盐渍柠檬（P085）2片
清爽腌芦笋（P043）30克
牡蛎2个
豆苗50克

调料准备

白葡萄酒15毫升
浓汤宝1/2个

操作步骤

1. 牡蛎处理干净，放入沸水中汆去杂质，捞出待用。
2. 将牡蛎放入汤锅中，加入适量水，放入浓汤宝，倒入白葡萄酒，一起煮沸。
3. 放入清爽腌芦笋、豆苗，续煮片刻至豆苗断生。
4. 放入盐渍柠檬，再略煮片刻即可。

什锦水果玉米麦片

材料准备

微酸腌什锦水果（P091）80克
玉米片30克
燕麦片50克

调料准备

蜂蜜适量

操作步骤

1. 取出微酸腌什锦水果，待用。
2. 将燕麦片、玉米片放入锅中，加入适量水，略煮片刻，关火。
3. 待玉米麦片捞出，稍微放凉后，淋入蜂蜜，搅拌均匀。
4. 将玉米麦片装入碗中，放上微酸什锦水果，食用时拌匀即可。

香渍鲜果酸奶

材料准备

蓝莓腌橙子（P105）50克
酸奶100克

调料准备

蜂蜜适量

操作步骤

1. 将蓝莓腌橙子取出，备用。
2. 取一小碗，倒入酸奶。
3. 将蓝莓腌橙子放在酸奶上。
4. 食用时淋上蜂蜜即可。